BEI GRIN MACHT SICH IHR WISSEN BEZAHLT

- Wir veröffentlichen Ihre Hausarbeit, Bachelor- und Masterarbeit

- Ihr eigenes eBook und Buch - weltweit in allen wichtigen Shops

- Verdienen Sie an jedem Verkauf

Jetzt bei www.GRIN.com hochladen und kostenlos publizieren

Bibliografische Information der Deutschen Nationalbibliothek:

Die Deutsche Bibliothek verzeichnet diese Publikation in der Deutschen National-
bibliografie; detaillierte bibliografische Daten sind im Internet über http://dnb.d-
nb.de/ abrufbar.

Impressum:

Copyright © 2017 GRIN Verlag
Druck und Bindung: Books on Demand GmbH, Norderstedt Germany
ISBN: 9783668673397

Martin Schaller

Sachanalyse biochemische Grundlagen der Ernährung und Leitfaden gesunder Ernährung

GRIN Verlag

Sachanalyse: Gesunde Ernährung

Inhalt

1. Biochemischer Hintergrund von Ernährung

1.1 Definition und Funktion der Ernährung

Ernährung bezeichnet die Aufnahme von Nährstoffen zum Zweck der Energiegewinnung in lebendigen Zellen und somit zur Ermöglichung der spezifischen Zellfunktionen oder zum Aufbau von neuer Zellmasse.[1] Obwohl sich alle lebendigen Organismen ernähren, muss in diesem Kontext zwischen Tieren (inklusive des Menschen), Pflanzen und Bakterien unterschieden werden. Diese Arbeit setzt sich im Besonderen mit der Ernährung des Menschen auseinander.

1.2 Biochemische Grundlagen der Ernährung

Beim Stoffwechsel von lebendigen Organismen muss zunächst zwischen dem Katabolismus – dem Abbau von komplexen organischen Molekülen (Kohlenhydrate, Fette und Eiweise) bzw. reduzierter chemischer Verbindungen zu einfachen Stoffwechselprodukten (Wasser, Kohlenstoffdioxid und Harnstoff) zur Energiegewinnung – und dem Anabolismus – dem Aufbau hochmolekularer Zellbestandteile aus einfachen Verbindungen unter Energieverbrauch – unterschieden werden.[2] Die Energie, welche beim Katabolismus in den Zellen gewonnen wird, stammt dabei entweder aus dem Sonnenlicht (phototrophe Energiegewinnung) – wobei die Kohlenstoffquelle der komplexen organischen Molekülen entweder Kohlenstoffdioxid (autotrophe Energiegewinnung der Pflanzenzelle) oder organische Verbindungen (heterotrophe Energiegewinnung der Purpur- oder grünen Bakterien) darstellen kann – oder aus der Oxidation chemischer Verbindungen – wobei zwischen der Oxidation anorganischer Brennstoffe (lithotrophe Energiegewinnung der Schwefel- oder Wasserstoffbakterien) und der Oxidation organischer Brennstoffe (organotrophe Energiegewinnung der meisten anderen Bakterien, der Tiere, sowie des Menschen) unterschieden wird.[3] Die hochmolekularen oxidierten Brennstoffe Kohlenhydrate, Fette und Eiweise werden im Zuge komplexer Stoffwechselvorgänge letztendlich zu Energie in Form von ATP und GTP, sowie die energetischen Elektronentransporter NADH/H+ und FAOH2 reduziert und stehen dann den Zellen zur Wahrnehmung ihrer Funktionen zur Verfügung.[4]

---

[1] Vgl.: Matura (2016)
[2] Vgl.: Matura (2016)
[3] Vgl.: Matura (2016)
[4] Vgl.: Matura (2016)

2. Falsche Ernährung und gesunde Ernährung

Die Ernährung des Menschen geschieht also zum Zweck der Aufrechterhaltung der Körperfunktionen und stellt ein angeborenes Grundbedürfnis dar. Dabei kann betont werden, dass ohne Ernährung kein menschliches Leben möglich ist. Gleichwohl gibt es bei dieser notwenigen Zufuhr von Nährstoffen große quantitative und qualitative Unterschiede zwischen den einzelnen menschlichen Individuen, welche oftmals durch die jeweiligen Lebensumstände determiniert sind. Bezüglich einer falschen bzw. schlechten Ernährung kann dabei zwischen Hunger, Unterernährung, Mangelernährung und Überernährung unterschieden werden.

2.1 Hunger

Hunger stellt einen kurzfristigen Mangel an Nahrung dar, welcher durch die Aufnahme von Nahrungsmitteln schnell behoben werden kann. Er führt zu temporärer körperlicher und mentaler Leistungsschwäche.[5]

2.2 Unterernährung

Unterernährung bezeichnet einen quantitativen Mangel, welcher sich durch chronischen Hunger aufgrund zu geringer Nahrungsaufnahme und einem daraus folgenden langfristigen Kaloriendefizit bemerkbar macht. Aus diesem folgt ein unfreiwilliger Gewichtsverlust, sowie die Unfähigkeit zur bzw. Behinderung bei körperlicher und geistiger Aktivität. Weltweit und im Besonderen in den ärmeren Ländern der Kontinente Afrika, Asien und Südamerika sind etwa 800 Millionen Menschen vom Hunger betroffen.[6]

2.3 Mangelernährung

Mangelernährung wiederrum stellt einen qualitativen Mangel dar, welcher entweder aus Unterernährung oder einer fehlerhaften, z.B. einseitigen oder ungesunden, Ernährung rührt. Bei letzteren werden dem Körper zwar ausreichend viele Kalorien zugeführt, jedoch mangelt es an anderen wichtigen Nahrungsbestandteilen, wie Vitamine oder Mineralstoffe. Folglich treten Mangelerscheinungen, Krankheiten oder sogar der Tod auf; betroffene Kinder weisen im Vergleich zu gesundernährten Gleichaltrigen eine zurückgebliebene körperliche Entwicklung auf. Obwohl

---

[5] Vgl.: http://de.wfp.org/hunger [letzter Zugriff: 26.02.2017]
[6] Vgl.: http://de.wfp.org/hunger/unterern%C3%A4hrung [letzter Zugriff: 26.02.2017]

Mangelernährung ebenfalls hauptsächlich ein Phänomen der armen Länder ist, ernähren sich auch in der westlichen Welt viele Menschen einseitig und mangelhaft – gleichwohl mit weit weniger stark ausgeprägten Folgen.[7]

2.4 Überernährung

Überernährung hingegen stellt fast ausschließlich ein Phänomen der westlichen Industriestaaten dar und bezeichnet eine quantitative Überernährung bei gleichzeitiger qualitativer Fehlernährung, d.h. die durchschnittliche tägliche Energiezufuhr liegt über dem tatsächlichen Energiebedarf. Die weit verbreitete und wohlbekannte Folge stellt Übergewichtigkeit bzw. Fettleibigkeit dar, welche ernsthafte körperliche Beschwerden nach sich ziehen kann, sowie in extremen Fällen die Symptome der Mangelernährung aufzeigt. Auch Krankheiten wie Adipositas oder Diabetes stehen im engen Zusammenhang mit einer falschen bzw. übermäßigen Ernährung und verdeutlichen umso mehr die Wichtigkeit einer gesunden Ernährung.[8]

2.5 Gesunde Ernährung

Im Umkehrschluss stellt eine gesunde Ernährung eine Ernährung dar, welche die spezifischen Bedürfnisse des jeweiligen menschlichen Individuums Beachtung schenkt. Denn obwohl jeder Mensch gleichwohl eine ausgewogene Ernährung mit den Hauptnährstoffen Kohlenhydrate, Fette und Eiweise, sowie mit Ballaststoffen, Vitaminen und Mineralstoffen benötigt, variiert die notwenige Kalorienmenge (Stichwort Überernährung) je nach Alter, Geschlecht, Größe, körperlicher Aktivität oder den klimatischen Bedingungen des Lebensraumes.[9] Der durchschnittliche tägliche Mindestbedarf eines erwachsenen Menschen liegt bei etwa 2100 Kalorien, der Kalorienbedarf von Kindern schwankt je nach Altersspanne aufgrund der jeweiligen ablaufenden Wachstumsprozesse und Aktivitätsgraden stark und kann nachfolgender Tabelle der Deutschen Gesellschaft für Ernährung (kurz: DGE) entnommen werden:[10]

---

[7] Vgl.: http://de.wfp.org/mangelernaehrung [letzter Zugriff: 26.02.2017]
[8] Vgl.: Baier (2015)
[9] Vgl.: http://de.wfp.org/hunger/unterern%C3%A4hrung [letzter Zugriff: 26.02.2017]
[10] Vgl.: http://www.aiqum.de/wissen/ernaehrung_kalorienbedarf-beim-kind.html [letzter Zugriff: 26.02.2017]

Alter	Kalorienbedarf Jungen	Kalorienbedarf Mädchen
1 - 4	1100	1000
4 - 7	1500	1400
7 - 10	1900	1700
10 - 13	2300	2000
13 - 15	2700	2200
15 - 19	2500	2000

3. Bestandteile der Nahrung

3.1 Kohlenhydrate

Kohlenhydrate spielen in der Natur eine herausragende Rolle: Pflanzen fixieren und speichern durch die Bildung von Kohlenhydraten Sonnenenergie, welche durch den Verzehr eben jener genießbaren pflanzlichen Nahrungsbestandteilen Tieren und Menschen zur Verfügung gestellt wird, wodurch Kohlenhydrate zum universellen Energielieferanten des Körpers werden. Trotzdem sind sie kein essentieller Bestandteil der menschlichen Ernährung, da der Körper Kohlenhydrate selbst aus anderen Nahrungsbestandteilen synthetisieren kann.[11]

Chemisch betrachtet sind Kohlenhydrate Aldehyde oder Ketone mehrwertiger Alkohole. Sie treten als Einfachzucker / Monosaccharide (Glucose oder Fructose), Zweifachzucker / Disaccharide (Maltose, Laktose oder Saccharose) oder Mehrfachzucker / Polysaccharide (z.B. Stärke, Glucogen, Zellulose) auf, wobei Disaccharide und Polysaccharide jeweils die Verbindung mehrerer Monosaccharide darstellen. Nach der Nahrungsaufnahme werden Kohlenhydrate durch die komplexen biochemischen Systeme Glykolyse, die Oxidative Decarboxylierung, im Citratzyklus und durch die Atmungskette nach und nach aufgespalten und in die Energieträger ATP, GTP, NADH/H+ und FADH2, sowie die Abbauprodukte CO_2, O_2 und H_2O abgebaut.[12] Im Rahmen einer gesunden Mischkosternährung sollte laut DGE der tägliche Energiebedarf zu 50% mit Kohlenhydraten gedeckt werden.[13]

3.2 Fette / Lipide

Fette bzw. Lipide sind Stoffe, welche lipophil und hydrophobe Eigenschaften aufweisen und aus Acetyl-CoA-Einheiten und verschiedenen Fettsäureresten / Carbonsäure-gruppen aufgebaut sind und in unserem Körper vielfältige wichtige Aufgaben wahrnehmen. Sie sind Brennstoff, Baustoff bzw. erfüllen Stützfunktionen

---

[11] Vgl.: Horn et al. (2002), S. 23
[12] Vgl.: Horn et al. (2002), S. 23
[13] Vgl.: https://www.dge.de/wissenschaft/referenzwerte/kohlenhydrate-ballaststoffe/ [letzter Zugriff: 26.02.2017]

für Organe, dienen als Isolatoren oder können als Hormon oder Vitamin fungieren. Dabei wird zwischen essentiellen Fettsäuren – also Fettsäuren, welche der Körper nicht selbstständig synthetisieren und daher zwingend durch Ernährung aufnehmen muss, sowie biochemisch synthetisierbaren Fettsäuren unterschieden.[14] Laut DGE Ernährungsempfehlung sollte daher der tägliche Energiebedarf zu etwa 35% durch Fette gedeckt werden.[15]

3.3 Eiweise / Proteine

Eiweise bzw. Proteine bezeichnet eine Verkettung von mindestens 100 Peptiden, welche wiederum eine Verbindung aus 3 der seit der Urzeit der Erde gegebenen 20 proteinogenen Aminosäuren – den sogenannten Schlüsselverbindungen des Lebens – darstellen. Eiweise erfüllen im Körper vielfältigste wichtige Funktionen und sind genau wie Fette unentbehrlich. Sie sind Träger der Erbinformation, dienen der Biokatalyse der Stoffwechselreaktionen, der Kommunikation zwischen den Zellen und Zellaufgaben, sind Transporter für verschiedenste Stoffe, erfüllen Stütz- und Schutzfunktion in Haut und Haar, ermöglichen die Bewegung der Muskeln, finden sich in den Antikörpern wieder und bilden die für das Immunsystem wichtigen Antikörper.[16] Die DGE rät zur Beachtung einer gesunden kindlichen Ernährung den Grundsatz, je Kilogramm Körpergewicht etwa 1g Rohprotein zu verzerren.[17]

3.4 Ballaststoffe

Ballaststoffe zählen biochemisch betrachtet zu den Kohlenhydraten und obwohl sie unverdauliche Lebensmittelbestandteile darstellen, erfüllen sie wichtige Funktionen im Körper. Sie binden Gifte und andere schädliche Substanzen, die mit der Nahrung in den Darm gelangen und fördern so deren Ausscheidung, machen schneller satt und unterstützen so die Gewichtsregulation, regulieren Blutfett- und Blutzuckerwerte, sind Nährboden für eine Reihe positiver Darmbakterien und dadurch mitverantwortlich für eine gesunde Darmflora und beschleunigen die Darmpassage.[18] Die DGE empfiehlt daher den täglich Konsum von mindestens 30g der in pflanzlichen Lebensmitteln, wie Getreide, Kartoffeln, Obst, Gemüse und Hülsenfrüchten enthaltenen Ballaststoffe.[19]

---

[14] Vgl.: Horn et al. (2002), S. 35f
[15] Vgl.: https://www.dge.de/wissenschaft/referenzwerte/fett/ [letzter Zugriff: 26.02.2017]
[16] Vgl.: Horn et al. (2002), S. 44ff
[17] Vgl.: https://www.dge.de/wissenschaft/referenzwerte/protein/ [letzter Zugriff: 26.02.2017]
[18] Vgl.: http://www.ernaehrung.de/tipps/obstipation/obsti13.php [letzter Zugriff: 26.02.2017]
[19] Vgl.: https://www.dge.de/wissenschaft/referenzwerte/kohlenhydrate-ballaststoffe/ [letzter Zugriff: 26.02.2017]

Vitamine zählen zu einer biochemisch betrachtet höchst uneinheitlicher Stoffklasse, welche im Körper für die Wahrnehmung vielfältige Aufgaben benötigt wird, jedoch nicht in ausreichender Anzahl selbstständig synthetisiert werden kann und daher mit der Nahrung aufgenommen werden muss. Einzig Pflanzen und Bakterien können alle Vitamine vollständig selbstständig produzieren, wodurch der Verzehr von Obst und Gemüse eine wichtige Quelle für die gesunde menschliche Ernährung darstellt. Beispielsweise sichern die verschiedenen Vitamine die Funktionen des Stoffwechsels, regulieren die Nährstoffverwertung und Energiegewinnung, stärken das Immunsystem und sind für den Aufbau der Zellen, Blutkörperchen, Knochen und Zähne unverzichtbar.[20]

Mineralstoffe sind anorganische Stoffe, welche für den reibungslosen Ablauf des Stoffwechsels, die Regulation des Säure-Basen-Haushalts und Wasserhaushalts, zur Kommunikation zwischen den Zellen, der Muskeltätigkeit, sowie zur allgemeinen Gesundhaltung notwendig sind. Dabei wird zwischen den fünf Mengenelementen bzw. Makroelementen Kalium, Calcium, Magnesium, Natrium und Phosphor – von welchen täglich mindestens 50mg benötigt werden – und zahlreichen weiteren Mineralstoffen – von welchen täglich geringere Dosen notwendig sind und daher als Spurenelemente bzw. Mikroelemente bezeichnet werden – unterschieden. Dieser tägliche Bedarf kann von gesunden Menschen problemlos über das Trinkwasser aufgenommen werden, trotzdem ist es ratsam dies – gerade in Extremsituationen wie kindlichen Wachstumsphasen, bei großer körperlicher oder geistiger Belastung, sowie bei Mangelerscheinungen – durch eine gesunde und ausgewogene Ernährung mit mineralstoffreichen Lebensmitteln, wie z.B. Fleisch, Fisch, Eier, Milch und Milchprodukten, Obst und Gemüse, sowie Getreide und Getreideprodukten zu unterstützen.[21]

Die herausragende Rolle des Wassers für das Leben auf Erden zeigt sich nicht nur darin, dass sich die ersten Lebensformen bzw. Einzeller und Bakterien in den Ur-Ozeanen und Ur-Meeren gebildet haben, sondern auch darin, dass der menschliche

---

[20] Vgl.: http://www.chemie.de/lexikon/Vitamine.html [letzter Zugriff: 26.02.2017]
[21] Vgl.: https://www.vimeda.de/magazin/gesundheit/biomarker/mineralstoffe [letzter Zugriff: 26.02.2017]

Körper zu etwa 70% aus Wasser besteht. Im menschlichen Organismus bildet es die Grundlage für Lösungs-, oder Transportvorgänge, dient als Reaktionspartner oder stellt das Endprodukt von Abbauvorgängen dar, zudem sind in ihm die wichtigen Mineralstoffe gelöst.[22] Die DGE empfiehlt eine tägliche Aufnahme von mindestens 1,5 Liter Wasser in Form von Getränken.[23]

4. Leitfaden zur gesunden Ernährung laut DGE

Im vorangegangenen Kapitel 3 wurde zunächst ein wissenschaftlich fundierter Überblick über die ernährungsphysiologische Bedeutung der einzelnen Nahrungsmittelbestandteile gegeben, in Kapitel 2 die Folgen von schlechter bzw. mangelhafter Ernährung beschrieben. An dieser Stelle kann nun die klare Schlussfolgerung gezogen werden, dass eine gesunde und vollwertige Ernährung alle Nahrungsmittelbestandteile in ausreichendem, aber nicht übermäßigen Maß enthalten muss um Körper und Geist mit genügend Energie zu versorgen, sowie dem Organismus all die essentiellen wichtigen biochemischen Verbindungen zur Verfügung zu stellen, welche er für seine Arbeit benötigt.

Heute erscheint es oftmals so, als wenn das Bewusstsein für die Wichtigkeit einer gesunden Ernährung in unserer modernen Gesellschaft mehr und mehr schwindet. Die Nahrungsaufnahme wird stattdessen zunehmend von Lust geprägt – so werden Chips dem gesunden Obst vorgezogen, der MacDonalds-Besuch ersetzt das gesunde Mittagessen im Familienkreis und auch der Blick in die Brotbüchse vieler Kinder lässt oftmals nichts Gutes über die heimischen Ernährungsgewohnheiten erahnen. Um den Schülern und Schülerinnen wenigstens mit der Schulspeisung eine gesunde Ernährung zu ermöglichen und damit vielleicht sogar nachhaltig deren Essengewohnheiten zu verbessern, hat die DGE Qualitätsstandards für die Schulspeisung festgelegt und deren Umsetzung in den Schulkantinen empfohlen. Diese Arbeit legt dabei den Fokus auf die Mittagsspeisung, für die das Café Grüne eine gesunde Alternative auf Basis des DGE Standards bieten soll.

---

[22] Vgl.: Matura (2016)
[23] Vgl.: https://www.dge.de/wissenschaft/referenzwerte/wasser/ [letzter Zugriff: 26.02.2017]

So bezeichnet die DGE das Mittagessen – welches die SuS im Rahmen ihres langen Schultages üblicher Weise in der Schule zu sich nehmen – als eine wichtige Mahlzeit, da es den SuS die Energie bereitstellt, welche sie im Verlauf des restlichen Schultages für die in der Schule geforderte geistige Aktivität benötigen.

Das Mittagessen sollte idealerweise aus den Komponenten Rohkost, Salat oder gegarten Gemüse, einer dazu harmonierenden Sättigungsbeilage und 200ml Getränk bestehen. Um einen möglichst hohen Nährstoffgehalt zu garantieren sollte das Gemüse möglichst frisch oder gefroren / tiefgekühlt eingekauft werden. Dosenware stellt hierbei die letzte Wahl dar. Bei der Fleischauswahl sind Formfleischprodukte zu vermeiden. Auch sollte nach Möglichkeit auf Convenience-Produkte – also vorverarbeitete Lebensmittel – verzichtet werden, da im Rahmen der industriellen Verarbeitung von Lebensmitteln mit jeder Verarbeitungsstufe diesen mehr und mehr technische Zuschlagstoffe (wie Konservierungsstoffe, Geschmacksverstärker, künstliche Aromen, Süßstoffe, Farbstoffe, etc.) hinzugefügt werden, welche heute ernährungsphysiologisch zum Teil kritisch betrachtet werden. Zudem befinden sich die jungen Heranwachsenden in einer Prägungsphase, in welcher standardisierte Lebensmittel (-bestandteile) das Erleben von Vielfalt in Geschmack, sowie von Geruch, Konsistenz, Aussehen oder dem Hörerleben beim Verzehr als Teile der sensorischen Dimension verzehren und das Gefühl für den ernährungsphysiologischen Wert von naturbelassenen Lebensmitteln empfindlich stören. Als Folge dessen könnten langfristig ungesunde verarbeitete Produkte den gesunden unverarbeiteten Produkten vorgezogen werden – dies gilt es zu verhindern. Ist ein Verzicht nicht möglich, sollte die Nutzung von Lebensmitteln mit hohen Verarbeitungsgrad daher durch die Verwendung von weniger stark verarbeiteten Produkten ausgeglichen werden. Aus gleichem Grunde sollte das Getränkeangebot der Schulspeisung den gleichen kritischen Kriterien unterzogen werden – Mineralwasser, sowie ungesüßte Früchte- oder Kräutertees sind vorverarbeiteten Getränken wie Limonaden, Nektare, Fruchtsaftgetränke, Near-Water-Getränke mit hohem Energiegehalt und künstlichen Aromen, Eistees, Energy-Drinks und isotonische Sportgetränke vorzuziehen, welche in der Schule nicht angeboten werden sollten.[24]

---

[24] Vgl.: DGE (2015), S. 15ff

Nachfolgender Tabelle können die Empfehlungen der DGE bezüglich der Lebensmittelauswahl zur Mittagsspeisung entnommen werden:[25]

Lebensmittelgruppe	optimale Auswahl	Beispiele für Lebensmittel
Getreide, Getreideprodukte und Kartoffeln	Vollkornprodukte Parboiled Reis oder Naturreis Speisekartoffeln[19], als Rohware ungeschält oder geschält	Brot, Brötchen, Mehl, Teigwaren
Gemüse und Salat[11]	Gemüse, frisch oder tiefgekühlt Hülsenfrüchte Salat	Möhre, Paprika, Erbsen, Bohnen, Brokkoli, Zuckerschoten, Zucchini, Tomaten, Weiß-, Rotkohl, Wirsing Linsen, Erbsen, Bohnen Kopfsalat, Eisbergsalat, Feldsalat, Endivie, Eichblattsalat
Obst[12]	Obst, frisch oder tiefgekühlt ohne Zuckerzusatz	Apfel, Birne, Pflaumen, Kirschen, Banane, Mandarine
Milch und Milchprodukte[13]	Milch: 1,5 % Fett Naturjoghurt: 1,5 % bis 1,8 % Fett Käse: max. Vollfettstufe (≤ 50 % Fett i. Tr.) Speisequark: max. 20 % Fett i. Tr.	Gouda, Feta, Camembert, Tilsiter
Fleisch[14], Wurst, Fisch, Ei	mageres Muskelfleisch Seefisch aus nicht überfischten Beständen[15]	Braten, Roulade, Schnitzel, Geschnetzeltes Kabeljau, Seelachs, Hering, Makrele
Fette[16] und Öle[17]	Rapsöl Walnuss-, Weizenkeim-, Oliven- oder Sojaöl	
Getränke[18]	Trink-, Mineralwasser Früchte-, Kräutertee, ungesüßt Rotbuschtee, ungesüßt	Hagebutten-, Kamillen-, Pfefferminztee

Abbildung 1: Optimale Lebensmittelauswahl für die Mittagsverpflegung

4.2 DGE-Empfehlung für die Zubereitung

Die DGE betont, dass „neben der Lebensmittelauswahl [...] Zubereitung und anschließende Warmhaltezeiten einen wesentlichen Einfluss auf die ernährungsphysiologische und sensorische Qualität der Speisen" haben.[26] Daher werden folgende Kriterien für eine schonende Zubereitung von Lebensmitteln genannt:

- es ist auf eine fettarme Zubereitung zu achten,
- daher sollten frittierte und / oder panierte Produkte an maximal vier Tagen des zwanzig Tage umfassenden Verpflegungszykluses angeboten werden,
- außerdem sollten zur Zubereitung von Gemüse und Kartoffeln fettarme und nährstofferhaltende Garmethoden wie Dünsten, Dämpfen oder Grillen angewendet werden,
- beim Würzen sind frische oder tiefgekühlte Kräuter zu bevorzugen,
- beim Salzen sollte ausschließlich Jodsalz sparsam verwendet werden,

---

[25] Vgl.: DGE (2015), S. 16
[26] Vgl.: DGE (2015), S. 20

- Zucker ist maßvoll einzusetzen,

- da mit zunehmender Warmhaltezeit und Warmhaltetemperatur Vitamine, sowie die sensorische Qualität von Lebensmittel verloren gehen sollte die Warmhaltezeit so kurz wie möglich gehalten werden (Warmhaltezeit maximal drei Stunden; Lager-, Transport- und Ausgabetemperatur von kalten Speisen maximal 7 °C; Warmhalte-, Transport- und Ausgabetemperatur von warmen Speisen mindestens 65 °C),

- zur Vermeidung von Überernährung sollten zur Portionierung Portionierungshilfen eingesetzt werden.[27]

4.3 DGE-Empfehlung für die Speiseplanung

Bei der Planung bzw. Rezeptfindung der einzelnen Speisen empfiehlt die DGE die folgende Nährstoffzusammensetzung zur kindgerechten Optimierung der ernährungsphysiologischen Qualität: 50% Kohlenhydrate, 30% Fett, 20 % Protein. Eine Empfehlung bezüglich der restlichen Nahrungsbestandteile kann folgender Tabelle entnommen werden:[28]

	Primarstufe	Sekundarstufe
	7 bis unter 10 Jahre	10 bis unter 19 Jahre
Energie (kJ) [31]	1660	2200
Energie (kcal) [31]	400	520
Protein (g)	20	26
Fett (g)	14	18
Kohlenhydrate (g)	49	64
Ballaststoffe (g)	4	8 [32]
Vitamin E (mg)	3	4
Vitamin B$_1$ (mg)	0,2	0,4
Folat (µg)	45	75
Vitamin C (mg)	11	26
Calcium (mg)	225	300
Magnesium (mg)	43	100
Eisen (mg)	3	4

Abbildung 2: Umsetzung der D-A-CH-Referenzwerte für die Nährstoffzufuhr für die Mittagsverpflegung (Angaben pro Tag)

Außerdem sollten folgende Punkte bei der Konzeption eines 20-tägigen Speisezyklus Beachtung finden:

- Berücksichtigung des saisonalen Angebotes,

---

[27] Vgl.: DGE (2015), S. 20
[28] Vgl.: DGE (2015), S. 22

- Berücksichtigung kulturspezifischer und regionaler Essgewohnheiten,

- Berücksichtigung religiöser Aspekte, daher ist bei Gerichten mit Schweinefleisch eine alternative Fleischsorte anzubieten,

- abwechslungsreiches Angebot an Getreide, Getreideprodukten, Kartoffeln,

- tägliches Angebot eines ovo-lacto-vegetarisches Gerichtes,

- tägliches Angebot eines antiallergenen Gerichtes.[29]

Zur Gestaltung eines abwechslungsreichen und gesunden Speisenangebotes des 20-tägigen Ernährungszyklus empfiehlt die DGE folgendem Schlüssel, wobei die Häufigkeit der einzelnen Lebensmittel in der Spalte „Häufigkeit" notiert ist:

Lebensmittelgruppe	Häufigkeit	Beispiele zur praktischen Umsetzung
Getreide, Getreideprodukte und Kartoffeln	20 x	Pellkartoffeln [19], Salzkartoffeln, Kartoffelsalat, Kartoffeleintopf
		Reispfanne, Reis als Beilage
	davon:	Lasagne, Couscous-Salat, Hirseauflauf, Grünkern-Bratlinge, Polentaschnitten
	– mind. 4 x Vollkornprodukte	Vollkornteigwaren, Vollkornpizza, Naturreis
	– max. 4 x Kartoffelerzeugnisse	Halbfertig- oder Fertigprodukte, z. B. Kroketten, Pommes frites, Kartoffelecken, Reibekuchen, Gnocchi, Püree, Klöße
Gemüse und Salat	20 x	gegarte Möhren, Brokkoli, Kohlrabi, Gemüselasagne, gefüllte Paprika (oder Zucchini, Auberginen), Erbsen-, Bohnen-, Linseneintopf, Ratatouille, Wokgemüse
	davon mind. 8 x Rohkost oder Salat	Tomatensalat, Gurkensalat, gemischter Salat, Krautsalat
Obst	mind. 8 x	Obst im Ganzen, geschnittenes Obst, Obstsalat
Milch und Milchprodukte	mind. 8 x	in Aufläufen, Salatdressings, Dips, Soßen, Joghurt- oder Quarkspeisen
Fleisch, Wurst, Fisch, Ei	max. 8 x Fleisch/Wurst	
	davon mind. 4 x mageres Muskelfleisch	Putenbrust, Hähnchenschnitzel, Hühnerfrikassee, Rinderroulade, Schweinebraten, Geschnetzeltes, Rindergulasch
	mind. 4 x Seefisch	Seelachsfilet, Fischpfanne
	davon mind. 2 x fettreicher Seefisch	Heringssalat, Makrele, Matjes
Fette und Öle	Rapsöl ist Standardöl	
Getränke	20 x	Trink-, Mineralwasser

Abbildung 3: Anforderungen an einen Vier-Wochen-Speisenplan (20 Verpflegungstage)

Hierbei ist zu beachten, dass Mindestmengenangaben nicht unterschritten, jedoch überschritten werden dürfen und Höchstmengenangaben unterschritten, jedoch nicht überschritten werden dürfen. Höchstmengenangaben werden durch die DGE vor allem für Fleisch- und Wurstwaren, sowie Kartoffelerzeugnisse definiert.[30]

---

[29] Vgl.: DGE (2015), S. 18
[30] Vgl.: DGE (2015), S. 18f

5. Fazit

Wie zuvor postuliert, folgen aus falsch angeeigneten Ernährungsgewohnheiten Leistungs- und Konzentrationsschwäche, im Extremfall sogar Krankheiten.

Die DGE betont im Besonderen, dass eine qualitativ hochwertige Schulverpflegung eine wichtige Quelle der kindlichen Gesundheit und Leistungsfähigkeit darstellt und einen großen Stellenwert bezüglich der Ausbildung von Ernährungskompetenzen, sowie der Entwicklung eines gesundheitsförderlichen Lebensstils besitzt. Denn alles, was die SuS täglich essen und trinken beeinflusst die Entwicklung und Festigung von Geschmacks- und Handlungsmustern, die das Ernährungsverhalten langfristig leiten. Und auch die Bereitschaft der SuS sich im späteren Leben vollwertig zu ernähren oder in die eigene Gesundheit zu investieren hängt wesentlich auch von schulischen Erfahrungen ab. [31]

---

[31] Vgl.: DGE (2015), S. 24f

Quellen

Aiqum (o. J.): Kalorienbedarf beim Kind:
http://www.aiqum.de/wissen/ernaehrung_kalorienbedarf-beim-kind.html
[letzter Zugriff: 26.02.2017]

Baier (2016): Skript Tutorium Humanernährung SoSe2016; TU-Dresden

CHEMIE.DE Information Service GmbH (o. J.): Vitamine:
http://www.chemie.de/lexikon/Vitamine.html [letzter Zugriff: 26.02.2017]

DEBInet (o. J.): Ballaststoffe:
http://www.ernaehrung.de/tipps/obstipation/obsti13.php
[letzter Zugriff: 26.02.2017]

DGE (2015): DGE-Qualitätsstandard für die Schulverpflegung; Bonn: DGE

DGE (o. J.): Fett: https://www.dge.de/wissenschaft/referenzwerte/fett/
[letzter Zugriff: 26.02.2017]

DGE (o. J.): Kohlenhydrate, Ballaststoffe:
https://www.dge.de/wissenschaft/referenzwerte/kohlenhydrate-ballaststoffe/
[letzter Zugriff: 26.02.2017]

DGE (o. J.): Protein: https://www.dge.de/wissenschaft/referenzwerte/protein/
[letzter Zugriff: 26.02.2017]

DGE (o. J.): Wasser: https://www.dge.de/wissenschaft/referenzwerte/wasser/
[letzter Zugriff: 26.02.2017]

Horn et al. (2002): Biochemie des Menschen; Stuttgart: Thieme

Matura (2016): Skript VL Biochemie des Menschen WiSe16/17; TU-Dresden

Vimeda GmbH (o. J.): Mineralstoffe: Die Salze des Lebens:
https://www.vimeda.de/magazin/gesundheit/biomarker/mineralstoffe
[letzter Zugriff: 26.02.2017]

World Food Programm (o. J.): Hunger weltweit: http://de.wfp.org/hunger
[letzter Zugriff: 26.02.2017]

World Food Programm (o. J.): Unterernährung – chronischer Hunger:
http://de.wfp.org/hunger/unterern%C3%A4hrung [letzter Zugriff: 26.02.2017]

World Food Programm (o. J.): Mangelernährung – der versteckte Hunger:
http://de.wfp.org/mangelernaehrung [letzter Zugriff: 26.02.2017]